Dominar els problemes matemàtics (1)

De suma i resta d'una operació

Aprendre a pensar amb una ment matemàtica

BOIRA EDITORIAL

índex

1 INTRODUCCIÓ PER A MESTRES

Per poder dominar els problemes matemàtics, cal entendre'ls. Però **el 70% dels nostres estudiants no els comprenen bé**.

La majoria dels quaderns es limiten a plantejar problemes sense explicar el procés mental necessari per resoldre'ls, com a molt demanen que es recullin les dades i es faci un dibuix. Aquest quadern és diferent: ensenya a pensar posant l'èmfasi en el **procés mental**. Ensenya a l'alumnat a identificar les relacions existents entre les dades i deduir l'operació a fer.

A primària només hi ha **dos tipus de problemes**: de suma-resta i de multiplicació-divisió.

En els problemes de **suma-resta**, les relacions entre les xifres és sempre la mateixa: hi ha dues o més Parts (**P**) i un Total (**T**). Si ens donen el valor de les Parts i ens pregunten el Total estem davant d'un problema de **SUMA**. Si sabem el Total i una de les Parts, és un problema de **RESTA**.

En els problemes de **multiplicació- divisió** també hi ha una relació deduïble entre les xifres. Sempre hi ha una Quantitat Unitària **(U)** que es repeteix una sèrie de Vegades **(V)** i una Quantitat Total **(T)**. Si sabem la Quantitat Unitària i les Vegades, trobarem la Quantitat Total **MULTIPLICANT**. Si sabem la Quantitat Total i la Quantitat Unitària, o la Quantitat Total i les Vegades, trobarem el que ens falta **DIVIDINT**.

En aquest quadern per dominar els problemes de suma-resta d'una operació, **l'alumnat aprendrà a**:

1.- Llegir i **identificar les dades**: Parts i Totalitat

2.- Ordenar les dades en un **diagrama de resolució**

3.- Decidir, a partir del diagrama, l'**operació** a fer i calcular-la

5.- Escriure el **resultat** i **valorar** si la resposta és **lògica**

En seguir aquests passos, el vostre alumnat dominarà els problemes fàcilment. La vostra escola haurà impulsat una nova forma de treballar els problemes **innovadora**, **senzilla** i **eficaç**.

Francisco Javier López Apesteguía
Autor

Daniel Gabarró Berbegal
Supervisor del mètode

2 RELACIONS EN ELS PROBLEMES DE SUMA I RESTA

EN AQUESTS PROBLEMES SEMPRE HI HAURÀ:

- DUES O MÉS **PARTS**, QUE SEMPRE SERAN QUANTITATS MENORS QUE EL **TOTAL**, A LES QUALS ANOMENAREM "**P**"

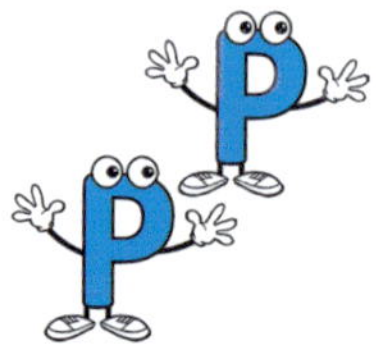

- UNA QUANTITAT MAJOR O **TOTAL**, QUE SEMPRE SERÀ MÉS GRAN QUE LES **PARTS**, A LA QUAL ANOMENAREM "**T**"

PER EXEMPLE:

POMES VERMELLES

POMES VERDES

POMES EN TOTAL

QUAN SUMAREM?

QUAN ET PREGUNTIN PEL **TOTAL** (T) SUMARÀS LES QUANTITATS MENORS O **PARTS** (P) PER DESCOBRIR-HO.

QUAN RESTAREM?

QUAN ET PREGUNTIN UNA DE LES QUANTITATS MENORS (P), RESTARÀS L'ALTRA QUANTITAT MENOR (P) DE LA QUANTITAT MÉS GRAN (T).

3 PASSOS PER DOMINAR ELS PROBLEMES DE SUMA I RESTA

1 LLEGEIXO I IDENTIFICO

- LLEGEIXO EL PROBLEMA
- IDENTIFICO LES **PARTS**  I EL **TOTAL** 
- IDENTIFICO EL QUE EM PREGUNTEN 

DAMUNT D'UNA BRANCA HI HA **2 OCELLS** ROSES I **3** DE VERDS. **QUANTS OCELLS HI HA EN TOTAL?**

APRENC A IDENTIFICAR EL QUE EM PREGUNTEN
I EL QUE NECESSITO PER DESCOBRIR-HO.

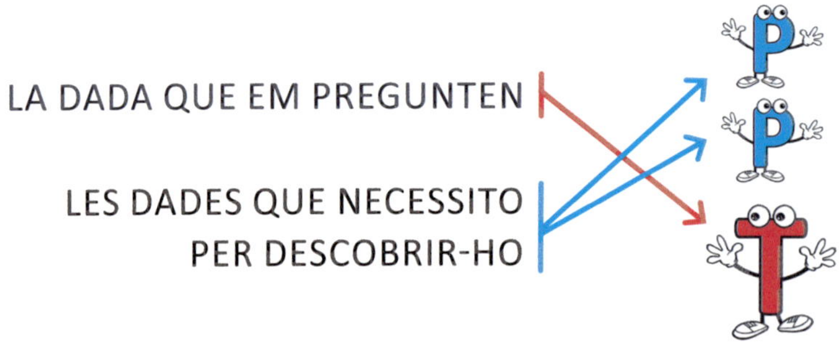

2 ELABORO UN DIAGRAMA

- QUÈ EM PREGUNTEN?
- QUINES DADES NECESSITO PER DESCOBRIR-HO?

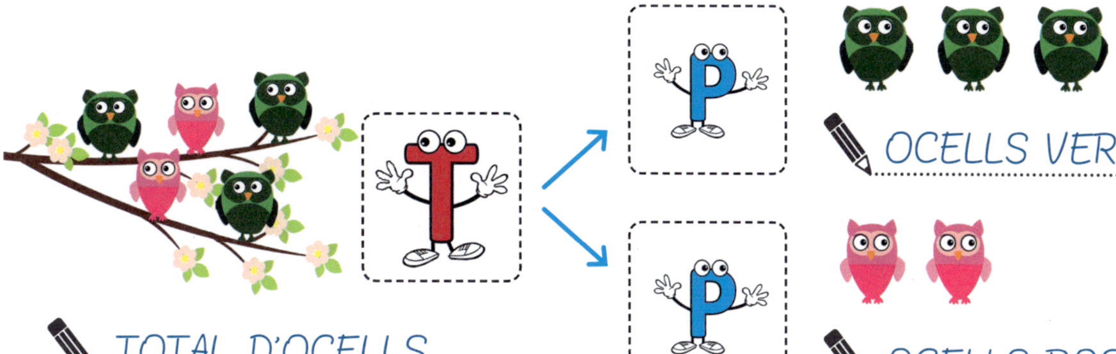

TOTAL D'OCELLS

OCELLS VERDS

OCELLS ROSES

3 ESCULLO L'OPERACIÓ I CALCULO

- PER TROBAR EL **TOTAL** (T), **SUMO** LES **PARTS** (P)
- PER TROBAR UNA **PART** (P), **RESTO** L'ALTRA **PART** (P) DEL **TOTAL** (T).

QUINA OPERACIÓ UTILITZARÀS PER RESOLDRE EL PROBLEMA?

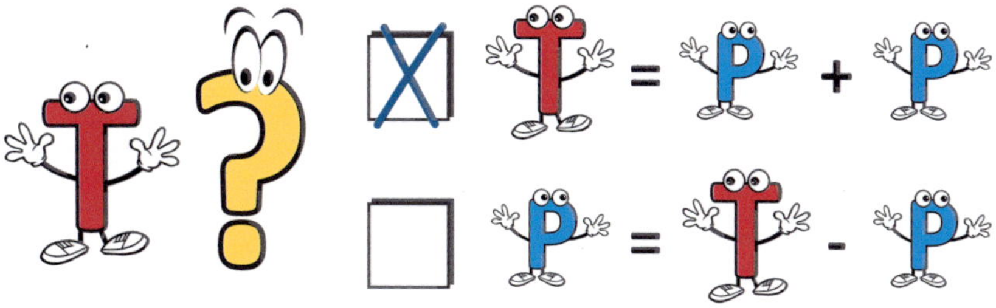

CALCULO:

$$\begin{array}{r} 3 \\ +\ 2 \\ \hline 5 \end{array}$$

4 CONTESTO I VALORO SI LA RESPOSTA ÉS LÒGICA

- CONTESTO:

  EN TOTAL HI HA 5 OCELLS.

- VALORO:

P	P	T
2	3	5

EL **TOTAL** (T) ÉS MÉS GRAN QUE LES **PARTS** (P)?

- ☒ SÍ 
- ☐ NO 

RECORDA!
EL TOTAL (T) SEMPRE SERÀ MÉS GRAN QUE LES PARTS (P)

EL TOTAL I EL RESULTAT NO SÓN EL MATEIX

EL **RESULTAT** ÉS LA DADA QUE RESOL LA PREGUNTA DEL PROBLEMA.

EL **TOTAL** ÉS LA QUANTITAT MÉS GRAN QUE INCLOU, EN SI MATEIXA, LES DUES O MÉS QUANTITATS MENORS DEL PROBLEMA.

4 APRENC A IDENTIFICAR LES DADES: PARTS I TOTALITATS

1 OBSERVA I COMPLETA LA INFORMACIÓ:

PEIXOS DE COLOR GROC	PEIXOS DE COLOR BLAU	PEIXOS DINS DE LA PEIXERA
....	....	....
P	P	T

2 OBSERVA I COMPLETA LA INFORMACIÓ:

VAQUES DINS DEL CORRAL	VAQUES FORA DEL CORRAL	VAQUES EN TOTAL
....	....	....
P	P	T

3 OBSERVA I COMPLETA LA INFORMACIÓ:

GLOBUS QUE TENIA AL PRINCIPI	GLOBUS EXPLOTATS	GLOBUS QUE TINC ARA
....	....	6

4 OBSERVA I COMPLETA LA INFORMACIÓ:

GOTS QUE PORTAVA A LA SAFATA	GOTS AL PRESTATGE	GOTS QUE PORTO ARA
....	....	8

5 OBSERVA I COMPLETA LA INFORMACIÓ:

TARONGES QUE TÉ LA SANDRA

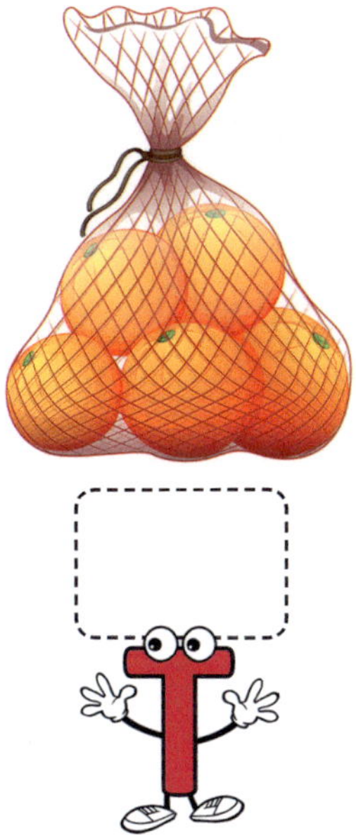

TARONGES ENTRE ELS DOS

TARONGES QUE TÉ EN TONI

6 OBSERVA I COMPLETA LA INFORMACIÓ:

PILOTES DE FUTBOL	**PILOTES DE BÀSQUET**	**PILOTES EN TOTAL**
....	4	....

7 OBSERVA I RELACIONA AMB FLETXES:

P	**PERES VERDES**	7
P	**PERES GROGUES**	5
T	**TOTAL DE PERES**	2

8 OBSERVA I RELACIONA AMB FLETXES:

P	**LLIBRETES BLAVES**	6
P	**TOTAL DE LLIBRETES**	3
T	**LLIBRETES VERMELLES**	3

4.1 ACTIVITATS D'APROFUNDIMENT

9 OBSERVA I RELACIONA AMB FLETXES:

P	POMES VERDES	2
P	TOTAL DE POMES	8
T	POMES VERMELLES	6

10 OBSERVA I RELACIONA AMB FLETXES:

P	PÈTALS QUE TENIA LA FLOR	2
P	PÈTALS QUE LI QUEDEN	4
T	PÈTALS ARRENCATS	6

4.1 ACTIVITATS D'APROFUNDIMENT

11 ESCRIU A SOTA DE CADA DIBUIX SI ÉS UNA **PART** (P) O UNA **TOTALITAT** (T) I LA XIFRA QUE LI CORRESPON. SI NO SAPS LA XIFRA, DIBUIXA UN INTERROGANT.

- EN UNA GRANJA HI HA **5 CONILLS** I **3 CAVALLS**.
  EN TOTAL TENIM 8 ANIMALS.

CONILLS

CAVALLS

ANIMALS A LA GRANJA

- AL MEU JARDÍ HI HA **1 ARBRE** I **5 ARBUSTS**.
  QUANTES PLANTES HI HA EN TOTAL?

ARBRES

ARBUSTS

PLANTES

- EN UNA BOSSA HI HA **9 LLAMINADURES**. **7** SÓN CARAMELS.
  QUANTES PIRULETES HI HA?

CARAMELS

PIRULETES

LLAMINADURES

5 APRENC A IDENTIFICAR EL QUE EM PREGUNTEN I EL QUE NECESSITO PER DESCOBRIR-HO

COMPLETA, DIBUIXA UN INTERROGANT EN LA DADA QUE NO SÀPIGUES I RELACIONA.

12 EN JOAN TÉ **8 CROMOS** I LA MARIA **7**.
QUANTS CROMOS TENEN ENTRE ELS DOS?

JOAN — P [ ] MARIA — P [ ] CROMOS EN TOTAL — T [ ]

LA DADA QUE EM PREGUNTEN •

LES DADES QUE NECESSITO PER DESCOBRIR-HO •

• P
• P
• T

13 L' ANDREU TÉ **6 CROMOS** I, ENTRE ELL I LA CARLA, EN **TENEN 11**.
QUANTS CROMOS TÉ LA CARLA?

ANDREU — P [ ] CARLA — P [ ] CROMOS EN TOTAL — T [ ]

LA DADA QUE EM PREGUNTEN •

LES DADES QUE NECESSITO PER DESCOBRIR-HO •

• P
• P
• T

5 APRENC A IDENTIFICAR EL QUE EM PREGUNTEN I EL QUE NECESSITO PER DESCOBRIR-HO

14 EL MEU AVI TÉ **9 CONILLS** I **3 GALLINES**.
QUANTS ANIMALS TÉ A LA GRANJA?

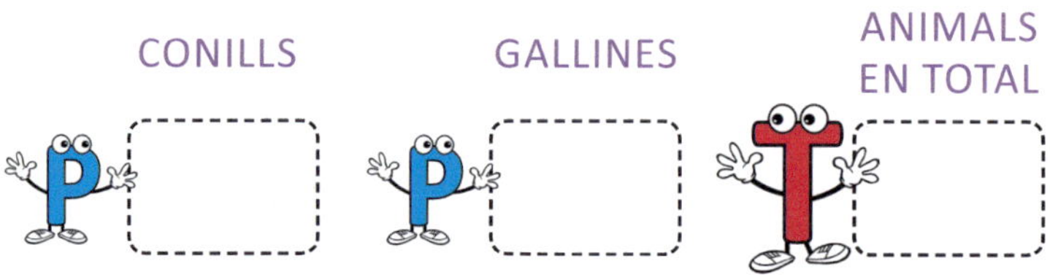

LA DADA QUE EM PREGUNTEN •

LES DADES QUE NECESSITO PER DESCOBRIR-HO •

15 EL SEU VEÍ TÉ **4 OVELLES** I **ALGUNES CABRES**. EN TOTAL TÉ **9 ANIMALS** A LA GRANJA. **QUANTES CABRES TÉ?**

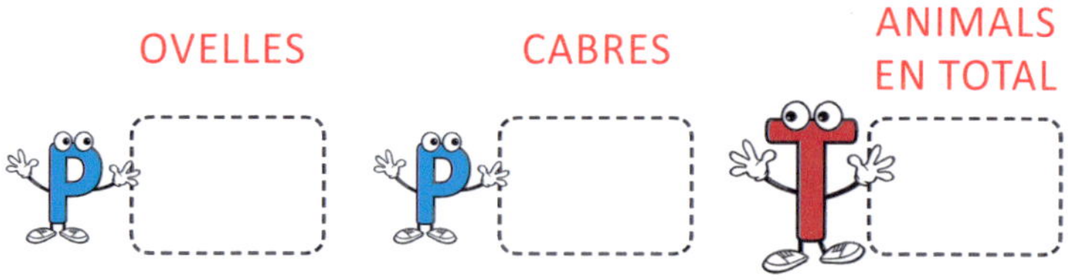

LA DADA QUE EM PREGUNTEN •

LES DADES QUE NECESSITO PER DESCOBRIR-HO •

16 LA JÚLIA HA TROBAT **19 BOLETS**. PER CUINAR, N'UTILITZA **7**.
QUANTS BOLETS LI QUEDEN?

BOLETS PER CUINAR	BOLETS QUE LI QUEDEN	BOLETS TROBATS
P	P	T

LA DADA QUE EM PREGUNTEN •

LES DADES QUE NECESSITO PER DESCOBRIR-HO •

• P
• P
• T

---

17 EN ROBERT I EN MARC TENEN **16 PINTURES**. EN ROBERT EN TÉ **4**.
QUANTES PINTURES TÉ EN MARC?

ROBERT	MARC	PINTURES EN TOTAL
P	P	T

LA DADA QUE EM PREGUNTEN •

LES DADES QUE NECESSITO PER DESCOBRIR-HO •

• P
• P
• T

5 APRENC A IDENTIFICAR EL QUE EM PREGUNTEN I EL QUE NECESSITO PER DESCOBRIR-HO

18 EN QUIM TÉ UNA BOTIGA AMB **15 BICICLETES**. DURANT EL MATÍ, LI DEMANEN EN PRÉSTEC **8. QUANTES BICICLETES LI QUEDEN?**

BICICLETES PRESTADES	BICICLETES QUE LI QUEDEN	BICICLETES A LA BOTIGA
P	P	T

LA DADA QUE EM PREGUNTEN •

LES DADES QUE NECESSITO PER DESCOBRIR-HO •

• P

• P

• T

19 L'ANNA TÉ **8 GIRA-SOLS I 6 ROSES. QUANTES PLANTES TÉ?**

GIRA-SOLS	ROSES	PLANTES EN TOTAL
P	P	T

LA DADA QUE EM PREGUNTEN •

LES DADES QUE NECESSITO PER DESCOBRIR-HO •

• P

• P

• T

6 ELABORO UN DIAGRAMA

COMPLETA LA SEGÜENT INFORMACIÓ

20 EN DANIEL TÉ **6 MITJONS** LLARGS I LA MERITXELL **14 MITJONS** CURTS.
QUANTS MITJONS TENEN ENTRE ELS DOS?

DANIEL — MERITXELL — MITJONS EN TOTAL

QUÈ EM PREGUNTEN?

MITJONS EN TOTAL

QUINES DADES NECESSITO PER DESCOBRIR-HO?

DANIEL ....

MERITXELL ....

21 LA SÒNIA HA TROBAT **5 CARGOLS** GRANS I LA MÍRIAM **12 DE PETITS**.
QUANTS CARGOLS TENEN ENTRE LES DUES?

SÒNIA — MÍRIAM — CARGOLS EN TOTAL

QUÈ EM PREGUNTEN?

CARGOLS EN TOTAL

QUINES DADES NECESSITO PER DESCOBRIR-HO?

SÒNIA ....

MÍRIAM ....

6 ELABORO UN DIAGRAMA

22 LA PROFESSORA TÉ **16 LLAPIS** EN TOTAL I DECIDEIX DONAR-NE **3** A LA SARA. **QUANTS LLAPIS LI QUEDEN A LA MÀ?**

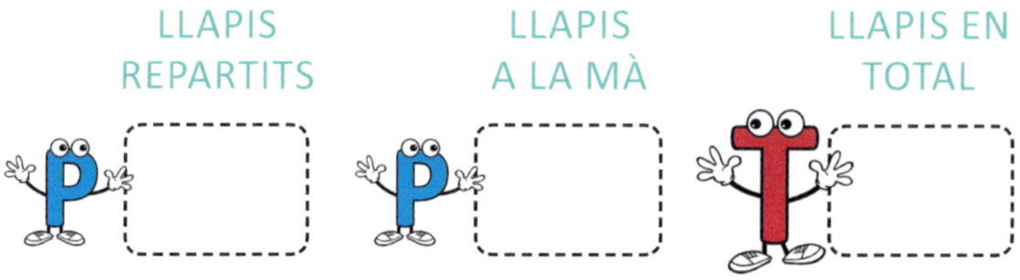

QUÈ EM PREGUNTEN? **QUINES DADES NECESSITO PER DESCOBRIR-HO?**

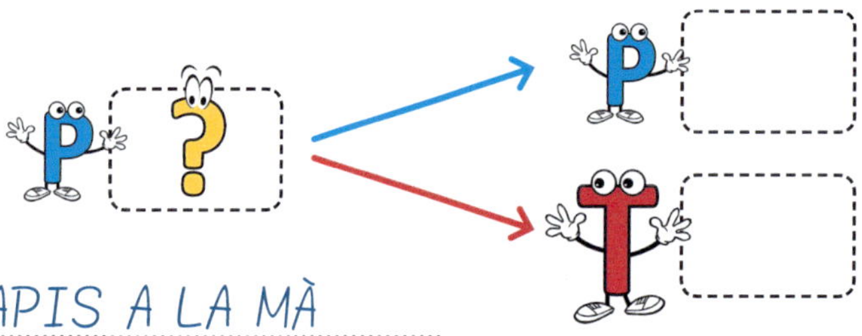

LLAPIS A LA MÀ

LLAPIS REPARTITS

LLAPIS EN TOTAL

23 LA LAIA I EN MARCEL HAN VIST CAURE **10 LLAMPS**. LA LAIA N'HA VIST CAURE **6**. **QUANTS N'HA VIST EN MARCEL?**

QUÈ EM PREGUNTEN? **QUINES DADES NECESSITO PER DESCOBRIR-HO?**

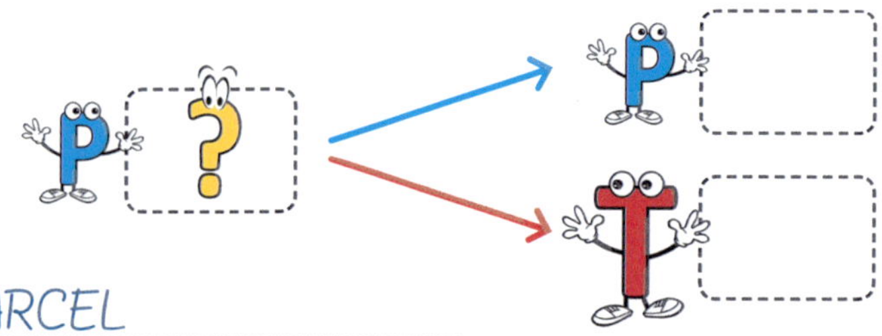

MARCEL

LAIA

LLAMPS EN TOTAL

24 LA PAULA TÉ **11 GELATS** A LA NEVERA. EN MOHAMED COMPRA **5 GELATS** MÉS. **QUANTS GELATS TENEN EN TOTAL?**

PAULA | MOHAMED | GELATS EN TOTAL

QUÈ EM PREGUNTEN?

QUINES DADES NECESSITO PER DESCOBRIR-HO?

---

25 EN MIQUEL COMPRA **13 MAGDALENES**. QUAN ARRIBA A CASA SE'N MENJA **4**. **QUANTES MAGDALENES LI QUEDEN?**

MAGDALENES QUE ES MENJA | MAGDALENES QUE LI QUEDEN | MAGDALENES COMPRADES

QUÈ EM PREGUNTEN?

QUINES DADES NECESSITO PER DESCOBRIR-HO?

6 ELABORO UN DIAGRAMA

26 EN UNA CLASSE DE MÚSICA HI HA **17 GUITARRES**. EN LLÀTZER I LA CRISTINA N'AGAFEN **9** PER LA SEVA CLASSE. **QUANTES GUITARRES QUEDEN A LA CLASSE DE MÚSICA?**

GUITARRES QUE S'EMPORTEN — GUITARRES QUE QUEDEN — GUITARRES EN TOTAL

P ☐ P ☐ T ☐

QUÈ EM PREGUNTEN?

QUINES DADES NECESSITO PER DESCOBRIR-HO?

☐ ☐ ?

☐ ☐ ....

☐ ☐ ....

....

27 EN UNA GRANJA, HAN NASCUT **9 PORQUETS** I **14 POLLETS**. **QUANTS ANIMALS HAN NASCUT EN TOTAL?**

PORQUETS — POLLETS — ANIMALS EN TOTAL

P ☐ P ☐ T ☐

QUÈ EM PREGUNTEN?

QUINES DADES NECESSITO PER DESCOBRIR-HO?

☐ ☐ ?

☐ ☐ ....

☐ ☐ ....

....

28 L'ÀNGELA HA COMPRAT UNA PIZZA DE **10 PORCIONS** I SE'N MENJA **3**. **QUANTES PORCIONS LI QUEDEN?**

PORCIONS QUE S'HA MENJAT — PORCIONS QUE LI QUEDEN — TOTAL DE PORCIONS

QUÈ EM PREGUNTEN?

QUINES DADES NECESSITO PER DESCOBRIR-HO?

29 EN UNA CLASSE HI HA **16 CADIRES** I **4 TAULES**. **QUANTS MOBLES HI HA A LA CLASSE?**

CADIRES — TAULES — MOBLES EN TOTAL

QUÈ EM PREGUNTEN?

QUINES DADES NECESSITO PER DESCOBRIR-HO?

6 ELABORO UN DIAGRAMA

30 EN UNA PISCINA HI HA **12 FLOTADORS**. AL CAP D'UNA ESTONA, EL SOCORRISTA TREU **3 FLOTADORS. QUANTS FLOTADORS QUEDEN ARA?**

FLOTADORS QUE TREU EL SOCORRISTA	FLOTADORS QUE HI HA ARA	FLOTADORS QUE HI HAVIA DINS DE LA PISCINA
P	P	T

QUÈ EM PREGUNTEN?

QUINES DADES NECESSITO PER DESCOBRIR-HO?

?

....

....

....

....

....

31 EN POL BEU **11 GOTS D'AIGUA** AL LLARG DEL DIA I L'HELENA **8**. **QUANTS GOTS HAN BEGUT ENTRE ELS DOS?**

GOTS QUE BEU EN POL	GOTS QUE BEU L'HELENA	GOTS QUE BEUEN ENTRE ELS DOS
P	P	T

QUÈ EM PREGUNTEN?

QUINES DADES NECESSITO PER DESCOBRIR-HO?

?

....

....

....

....

....

7 DECIDEIXO L'OPERACIÓ I CALCULO

RECORDA:

- SI HE DE TROBAR EL **TOTAL** (T), SUMO LES **PARTS** (P)

- SI HE DE TROBAR UNA **PART**, RESTO L'ALTRA **PART** (P) DEL **TOTAL** (T).

PER TANT:

- **SUMARÉ** QUAN EM PREGUNTIN PEL **TOTAL** (T)

- **RESTARÉ** QUAN EM PREGUNTIN PER **UNA DE LES PARTS** (P)

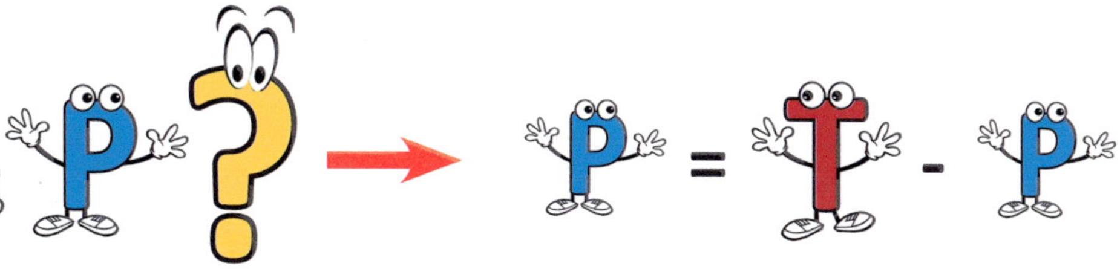

7 DECIDEIXO L'OPERACIÓ I CALCULO

32 EN JAUME COMPRA **25 PIRULETES**. AL PATÍ DE L'ESCOLA EN REGALA **11**. **QUANTES PIRULETES LI QUEDEN?**

PIRULETES REGALADES | PIRULETES QUE LI QUEDEN | PIRULETES COMPRADES

QUÈ EM PREGUNTEN? | **QUINES DADES NECESSITO PER DESCOBRIR-HO?**

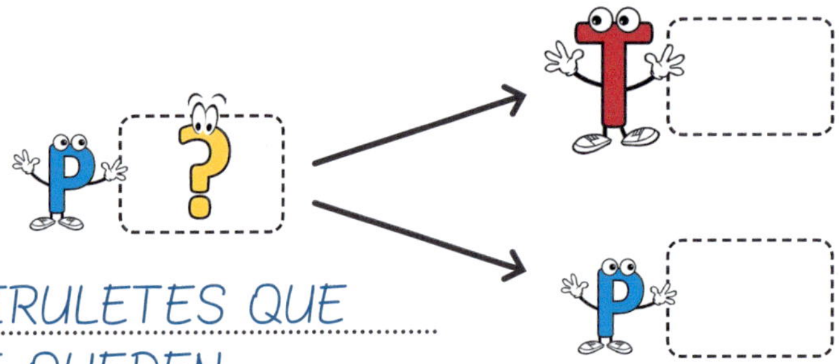

PIRULETES QUE LI QUEDEN

PIRULETES COMPRADES

PIRULETES REGALADES

QUINA OPERACIÓ UTILITZARÀS PER RESOLDRE EL PROBLEMA?

CALCULO:

33 AL SUPERMERCAT, EN PERE HA COMPRAT **5 MELONS** I LA MÒNICA **18 PLÀTANS. QUANTES PECES DE FRUITA HAN COMPRAT?**

MELONS — PLÀTANS — PECES DE FRUITA

QUÈ EM PREGUNTEN?

QUINES DADES NECESSITO PER DESCOBRIR-HO?

PECES DE FRUITA EN TOTAL

QUINA OPERACIÓ UTILITZARÀS PER RESOLDRE EL PROBLEMA?

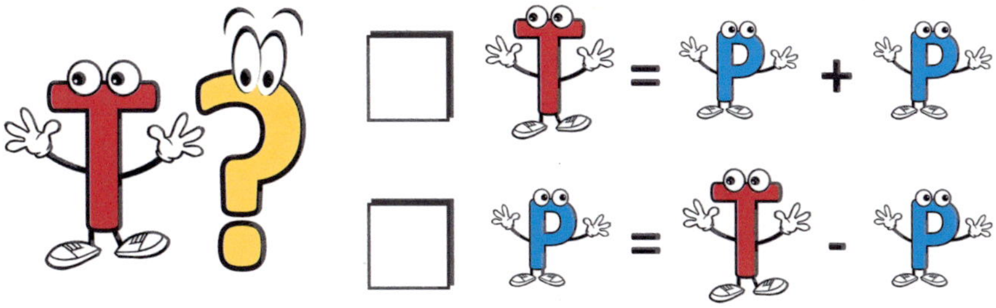

CALCULO:

34 EN UN ZOOLÒGIC HI HA 10 ZEBRES I 5 ELEFANTS. **QUANTS ANIMALS HI HA?**

P ZEBRES	P ELEFANTS	T ANIMALS AL ZOO
☐	☐	☐

QUÈ EM PREGUNTEN?

T ?

ANIMALS AL ZOO

QUINES DADES NECESSITO PER DESCOBRIR-HO?

P ☐ ....

P ☐ ....

QUINA OPERACIÓ UTILITZARÀS PER RESOLDRE EL PROBLEMA?

T ?

☐ T = P + P

☐ P = T - P

CALCULO:

35 LA CLARA TÉ **35 MONEDES**. PER COMPRAR LLET GASTA **15 MONEDES**. **QUANTES MONEDES LI QUEDEN?**

MONEDES QUE GASTA	MONEDES QUE LI QUEDEN	MONEDES QUE TÉ AL PRINCIPI
P ☐	P ☐	T ☐

QUÈ EM PREGUNTEN?

P ?

MONEDES QUE LI QUEDEN

QUINES DADES NECESSITO PER DESCOBRIR-HO?

T ☐ ....

P ☐ ....

QUINA OPERACIÓ UTILITZARÀS PER RESOLDRE EL PROBLEMA?

☐ T = P + P

☐ P = T - P

CALCULO:

RELACIONA I COMPLETA

36 UN EXPLORADOR HA TROBAT, EN UN COFRE, **12 ANELLS** D'OR I **14 BRAÇALETS. QUANTS OBJECTES HA TROBAT?**

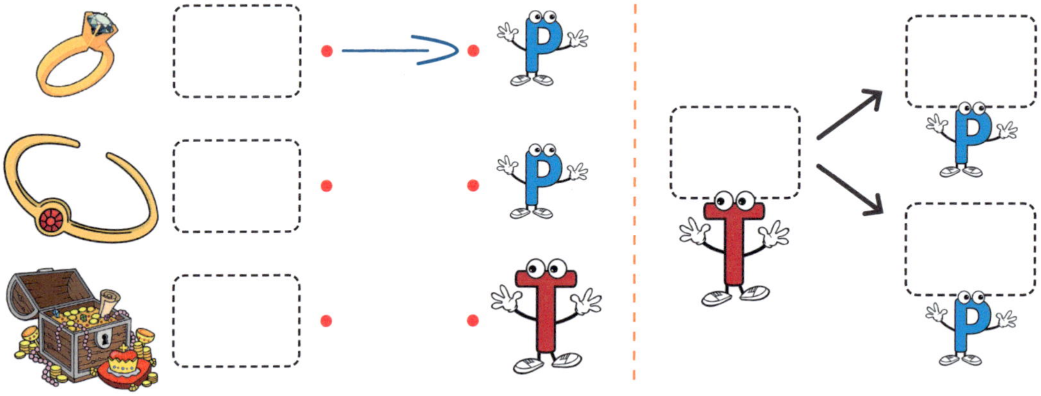

QUINA OPERACIÓ UTILITZARÀS PER RESOLDRE EL PROBLEMA?

CALCULO:

37 EN UN AUTOBÚS VIATGEN **29 PASSATGERS** D'ANADA. AL CAP D'UNA ESTONA, EN BAIXEN **7**. **QUANTS PASSATGERS VIATGEN, DE TORNADA, A L'AUTOBÚS?**

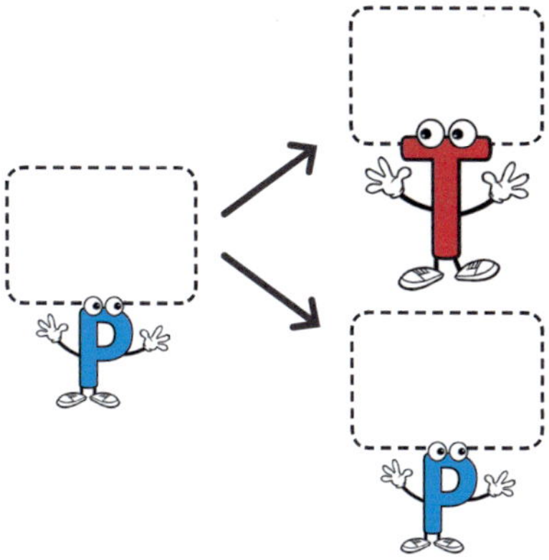

QUINA OPERACIÓ UTILITZARÀS PER RESOLDRE EL PROBLEMA?

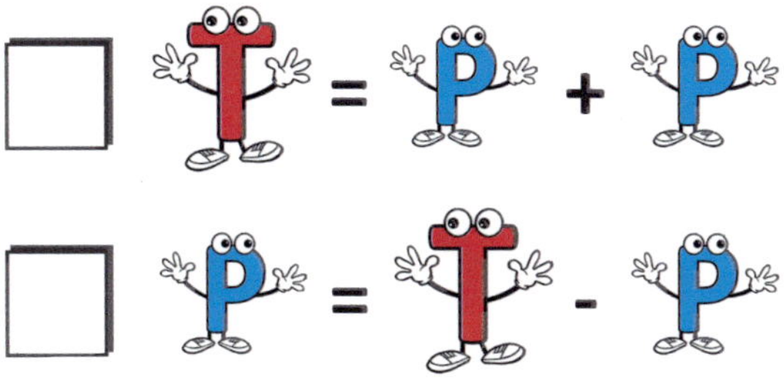

CALCULO:

7 DECIDEIXO L'OPERACIÓ I CALCULO

38 EN UNA CASA DE COLÒNIES HI HA **25 SACS** DE DORMIR. ELS NENS D'UNA ESCOLA N'AGAFEN **12** PER DORMIR A L'EXCURSIÓ. **QUANTS SACS QUEDEN A LA CASA?**

QUINA OPERACIÓ UTILITZARÀS PER RESOLDRE EL PROBLEMA?

CALCULO:

8 CONTESTO I VALORO SI LA RESPOSTA ÉS LÒGICA

FIXA'T EN EL CÀLCUL DELS PROBLEMES ANTERIORS I **RESPON** COMPLETANT LA INFORMACIÓ

VIGILA! ALGUNES RESPOSTES PODEN SER INCORRECTES.

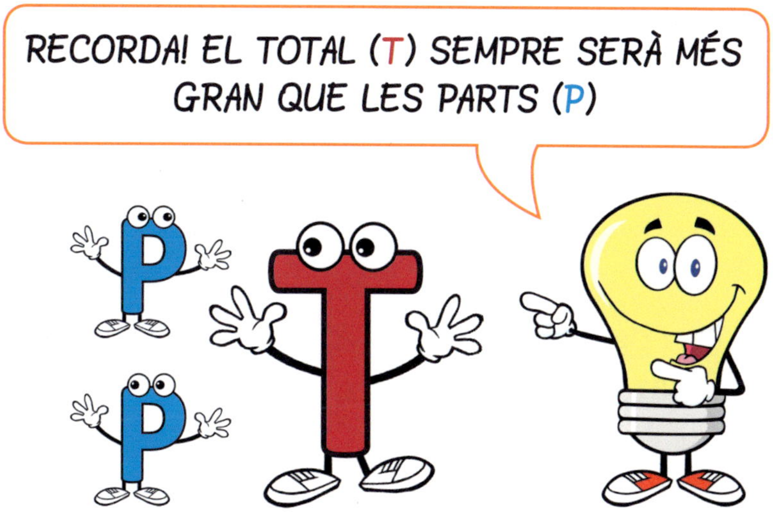

39 EN JAUME COMPRA **25 PIRULETES**. AL PATÍ DE L'ESCOLA EN REGALA **11**. **QUANTES PIRULETES LI QUEDEN?**

- **CONTESTO:** *AL JAUME LI QUEDEN 11 PIRULETES*

- **VALORO:**

PIRULETES REGALADES	PIRULETES QUE LI QUEDEN	PIRULETES COMPRADES
P:	P:	T:

- **EL TOTAL (T) ÉS MÉS GRAN QUE LES PARTS (P)?**

  ☐ SÍ

  ☐ NO

8 CONTESTO I VALORO SI LA RESPOSTA ÉS LÒGICA

40 AL SUPERMERCAT, EN PERE HA COMPRAT **5 MELONS** I LA MÒNICA **18 PLÀTANS. QUANTES PECES DE FRUITA HAN COMPRAT?**

- **CONTESTO:** *EL PERE I LA MÒNICA HAN COMPRAT 23 PECES DE FRUITA*

- **VALORO:**

MELONS	PLÀTANS	PECES DE FRUITA
P [ ]	P [ ]	T [ ]

- **EL TOTAL (T) ÉS MÉS GRAN QUE LES PARTS (P)?**
  - ☐ SÍ 
  - ☐ NO 

---

41 EN UN ZOOLÒGIC HI HA 10 ZEBRES I 5 ELEFANTS. **QUANTS ANIMALS HI HA?**

- **CONTESTO:** *AL ZOOLÒGIC HI HA 5 ANIMALS*

- **VALORO:**

ZEBRES	ELEFANTS	ANIMALS AL ZOO
P [ ]	P [ ]	T [ ]

- **EL TOTAL (T) ÉS MÉS GRAN QUE LES PARTS (P)?**
  - ☐ SÍ 
  - ☐ NO 

42 LA CLARA TÉ **35 MONEDES**. PER COMPRAR LLET GASTA **15 MONEDES**.
QUANTES MONEDES LI QUEDEN?

› **CONTESTO:** A LA CLARA LI QUEDEN 50 MONEDES

› **VALORO:**

MONEDES QUE GASTA	MONEDES QUE LI QUEDEN	MONEDES QUE TÉ AL PRINCIPI
P ☐	P ☐	T ☐

› **EL TOTAL (T) ÉS MÉS GRAN QUE LES PARTS (P)?**

→ ☐ **SÍ** 

→ ☐ **NO** 

43 UN EXPLORADOR HA TROBAT, EN UN COFRE, **12 ANELLS** D'OR I
14 BRAÇALETS. QUANTS OBJECTES HA TROBAT?

› **CONTESTO:** L'EXPLORADOR HA TROBAT 26 OBJECTES

› **VALORO:**

ANELLS	BRAÇALETS	OBJECTES TROBATS
P ☐	P ☐	T ☐

› **EL TOTAL (T) ÉS MÉS GRAN QUE LES PARTS (P)?**

→ ☐ **SÍ** 

→ ☐ **NO** 

8 CONTESTO I VALORO SI LA RESPOSTA ÉS LÒGICA

44 EN UN AUTOBÚS VIATGEN **29 PASSATGERS** D'ANADA. AL CAP D'UNA ESTONA, EN BAIXEN **7. QUANTS PASSATGERS VIATGEN, DE TORNADA, A L'AUTOBÚS?**

CONTESTO: DE TORNADA, VIATGEN 36 PASSATGERS EN AUTOBÚS

VALORO:

PASSATGERS QUE BAIXEN	PASSATGERS DE TORNADA	PASSATGERS D'ANADA
P ☐	P ☐	T ☐

EL TOTAL (T) ÉS MÉS GRAN QUE LES PARTS (P)?

☐ SÍ

☐ NO

---

45 EN UNA CASA DE COLÒNIES HI HA **25 SACS** DE DORMIR. ELS NENS D'UNA ESCOLA N'AGAFEN **12** PER DORMIR A L'EXCURSIÓ. **QUANTS SACS QUEDEN A LA CASA?**

CONTESTO: A LA CASA HI HA 13 SACS DE DORMIR

VALORO:

SACS PER A L'EXCURSIÓ	SACS QUE QUEDEN A LA CASA	SACS QUE HI HAVIA A LA CASA
P ☐	P ☐	T ☐

EL TOTAL (T) ÉS MÉS GRAN QUE LES PARTS (P)?

☐ SÍ

☐ NO

PLANTILLA FOTOCOPIABLE

NOM: ....

CURS: ....

PROBLEMA NÚM. .... // PÀGINA: ....

1 LLEGEIXO i IDENTIFICO

DADES DESCRIPTIVES: DADES NUMÈRIQUES:

P ----> .... ----> [ ]

P ——> .... ——> [ ]

P ——> .... ——> [ ]

T ——> .... ——> [ ]

2 RAONO

QUINA OPERACIÓ ÉS LA CORRECTA?
(ASSENYALA AMB UNA X)

P + **P** + **P** = **T** ☐ EM PREGUNTEN LA **T** I PER ESBRINAR-LA NECESSITO LES DUES (O TRES) **P**.

T - **P** = **P** ☐ EM PREGUNTEN UNA **P** I PER ESBRINAR-LA NECESSITO LA **T** I L'ALTRA **P**.

3 CALCULO

4 CONTESTO i VALORO

CONTESTO:

....

....

VALORO: **P** ☐ **P** ☐ **T** ☐

EL **TOTAL** ÉS MÉS GRAN QUE LES **PARTS**?

☐ **SÍ** ☐ **NO**

PLANTILLA FOTOCOPIABLE

NOM: ....

CURS: ....

PROBLEMA NÚM. .... // PÀGINA: ....

1 LLEGEIXO i IDENTIFICO

DADES DESCRIPTIVES: | DADES NUMÈRIQUES:

P ----▸ .... ----▸ [ ]

P ——▸ PERSONES QUE DECIDEIXEN NO VIATJAR ——▸ [13]

P ——▸ PERSONES QUE PUJARAN A L'AVIÓ FINALMENT ——▸ [?]

T ——▸ PERSONES QUE TENIEN LA INTENCIÓ DE VOLAR AL PRINCIPI ——▸ [38]

2 RAONO

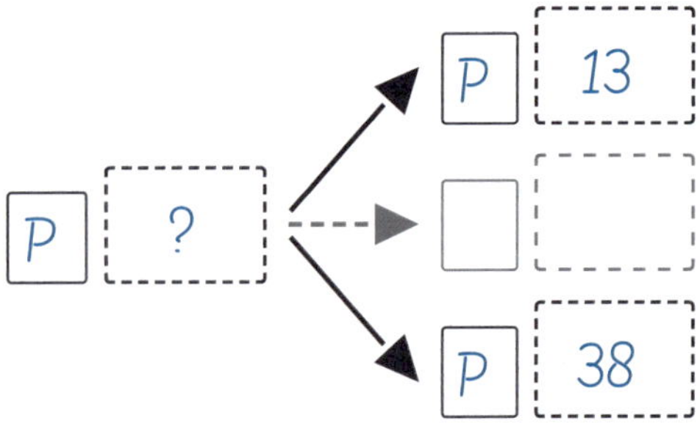

QUINA OPERACIÓ ÉS LA CORRECTA?
(ASSENYALA AMB UNA X)

P + **P** + **P** = **T** ☐ EM PREGUNTEN LA **T** I PER ESBRINAR-LA NECESSITO LES DUES (O TRES) **P**.

T - **P** = **P** [X] EM PREGUNTEN UNA **P** I PER ESBRINAR-LA NECESSITO LA **T** I L'ALTRA **P**.

3 CALCULO

$$\begin{array}{r} 38 \\ -\ 13 \\ \hline 25 \end{array}$$

4 CONTESTO i VALORO

CONTESTO:

[25] PUJARAN A L'AVIÓ 25 PERSONES

VALORO: **P** [13] **P** [25] **T** [38]

EL **TOTAL** ÉS MÉS GRAN QUE LES **PARTS**?

[X] **SÍ** ☐ **NO**

10 BATERIA DE PROBLEMES

46 EN UN AVIÓ VIATGEN **38 PERSONES**. EN L'ÚLTIM MOMENT, **13 PERSONES** DECIDEIXEN NO VIATJAR. **QUANTES PERSONES PUJARAN A L'AVIÓ?**

47 EN UN HORT, UN PAGÈS PLANTA **42 PATATES** , **30 PASTANAGUES** I **12** CEBES. **QUANTES HORTALISSES HA PLANTAT?**

48 EN UN POLIESPORTIU HI HA **20 PILOTES** DE FUTBOL, **12 PILOTES** DE BÀSQUET I **10 PILOTES** DE VOLEIBOL. **QUANTES PILOTES HI HA AL POLIESPORTIU?**

49 A LA BIBLIOTECA DE LA CLASSE HI HA **85 LLIBRES**. AQUESTA SETMANA N'HAN AGAFAT **13** EN PRÉSTEC. **QUANTS LLIBRES QUEDEN A LA BIBLIOTECA?**

50 EN UNA HABITACIÓ BUIDA, EN MIQUEL HI HA POSAT **15 JOGUINES** I LA CARLOTA **23**. **QUANTES JOGUINES HI HA ARA EN AQUESTA HABITACIÓ?**

51 UN CARTER TÉ **45 PAQUETS**. DURANT EL MATÍ, EN REPARTEIX **25**. **QUANTS PAQUETS LI QUEDEN PER REPARTIR?**

10 BATERIA DE PROBLEMES

52 AL BARRI HI HA **28 BOMBETES** QUE IL·LUMINEN EL CARRER. AQUESTA NIT SE N'HAN FET MALBÉ **10. QUANTES BOMBETES CONTINUEN FUNCIONANT?**

53 L'ÀVIA TÉ **70 ANYS** I LA SEVA NÉTA EN TÉ **15. QUANTS ANYS TENEN ENTRE LES DUES?**

54 EN UN RESTAURANT, SERVEIXEN **50 PLATS** DE CARN I **47 PLATS** DE PEIX. **QUANTS PLATS HAN SERVIT AQUELL DIA?**

55 EN UNA CURSA POPULAR S'HAN INSCRIT **65 CORREDORS**. EL DIA ANTERIOR, **13** ES POSEN MALALTS. **QUANTS CORREDORS CORRERAN?**

56 LA MARTA I LA MARINA HAN FET **18 PASTISSETS** ENTRE LES DUES. LA MARTA HA CUINAT **7 PASTISSETS. QUANTS N'HA PREPARAT LA MARINA?**

57 EN UN CONCURS PARTICIPEN **25 PERSONES** A L'EQUIP BLAU, **23** A L'EQUIP VERMELL I **21** A L'EQUIP VERD. **QUANTES PERSONES PARTICIPEN EN TOTAL?**

58 EN UN PARTIT DE BASQUETBOL, DOS EQUIPS HAN FET **43 CISTELLES**. UN EQUIP N'HA FET **31**. **QUANTES CISTELLES HA FET L'EQUIP CONTRARI?**

---

59 EL MEU AMIC TONI I JO HEM ESTAT RECOLLINT FIGUES. EN TONI N'HA RECOLLIT **27** I JO **32**. **QUANTES FIGUES TENIM?**

---

60 EN UN TRAMVIA VIATGEN **35 PERSONES**. D'AQUESTES, **25** ESTAN ASSEGUDES. **QUANTES PERSONES VAN DEMPEUS?**

---

61 PER NADAL, EN JULIÀ PENJA **6 BOLES** A L'ARBRE, LA SEVA MARE **3** I LA SEVA GERMANA **5**. **QUANTES BOLES PENJARAN A L'ARBRE?**

---

62 AL SUPERMERCAT, LA ROSER PAGA AMB UN BITLLET DE **20 EUROS** I LI TORNEN **8 EUROS**. **QUANT VAL EL QUE HA COMPRAT?**

---

63 DURANT UNA EXCURSIÓ, EL MEU GERMÀ I JO HEM FET **56 FOTOGRAFIES**. JO N'HE FET **32**. **QUANTES N'HA FET EL MEU GERMÀ?**

10 BATERIA DE PROBLEMES

64 LA LLUÏSA I EL CARLES ESTAN JUGANT A LES BITLLES. LA LLUÏSA HA FET **13 PUNTS** I EN CARLES **12**. **QUANTS PUNTS HAN ACONSEGUIT EN LA PARTIDA?**

65 EN LA FESTA D'ANIVERSARI DE LA IRENE, LA SEVA MARE HA COL·LOCAT **35 GLOBUS** DE COLORS PEL JARDÍ. AL CAP D'UNA ESTONA, **11 GLOBUS** EXPLOTEN. **QUANTS GLOBUS HI HA SENCERS?**

66 EN UNA COMPETICIÓ DE DANSA, L'ALBA HA REBUT UNA PUNTUACIÓ DE **12 PUNTS**, L'ÀGATA, **16 PUNTS**, I EN ROC **21**. **QUANTS PUNTS HAN REBUT ENTRE ELS TRES?**

67 EN UNA MERCERIA TENEN **66 BOTONS** DE COLORS. PER FER LES DISFRESSES DE CARNESTOLTES, UNA ESCOLA EN COMPRA **24**. **QUANTS BOTONS QUEDEN A LA BOTIGA?**

68 PEL MEU ANIVERSARI M'HAN REGALAT UNA CAPSA DE **30 BOMBONS**. AL CAP D'UNA SETMANA, NOMÉS EN QUEDEN **10**. **QUANTS BOMBONS M'HE MENJAT?**

69 LA RAQUEL TÉ UNA COL·LECCIÓ DE **70 CROMOS**. EN XAVIER N'HI DÓNA **23** MÉS. **QUANTS CROMOS TÉ ARA LA RAQUEL?**

11 PROPOSTA D'AVALUACIÓ DE PROBLEMES DE SUMA I RESTA

1 LA CRISTINA TÉ **43 CROMOS** I EL DAVID EN TÉ **25. QUANTS CROMOS TENEN ENTRE TOTS DOS?**

2 L'AIMAR TENIA **76 BALES** I N'HA PERDUT **21** JUGANT AL PATI. **QUANTES BALES LI QUEDEN?**

3 QUE POC EM FALTA PER ACABAR EL TRENCACLOSQUES DE **60 PECES**! SI JA PORTO COL·LOCADES **20 PECES, QUANTES ME'N FALTEN PER COL·LOCAR?**

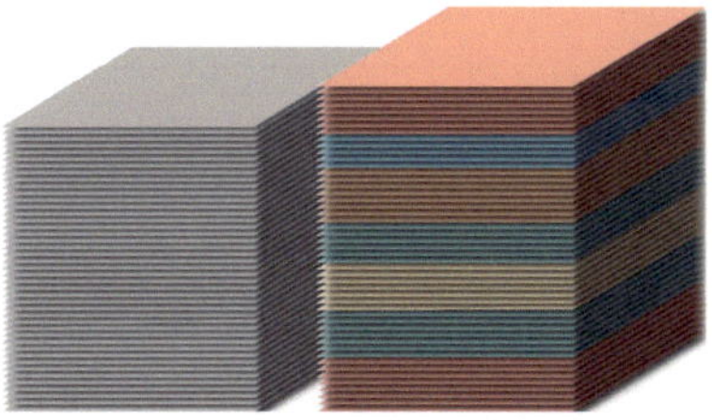

4 A L'ARMARI DE CLASSE TENIM GUARDATS **54 FOLIS** PER A PLÀSTICA. SI **32** D'AQUESTS FOLIS SÓN DE COLOR I LA RESTA SÓN BLANCS, **QUANTS FOLIS BLANCS HI HA?**

5 AHIR ANAVA PER LA **PÀGINA 56** DEL LLIBRE DE LECTURA. AVUI HE LLEGIT **33 PÀGINES** MÉS. **PER QUINA PÀGINA VAIG ARA?**

SOLUCIONARI I PROPOSTA DE BAREMACIÓ

Descarrega el **solucionari** i la **proposta de baremació** en PDF a:

boiraeditorial.com/ca/solucionaris

ANOTACIONS

ANOTACIONS

www.boiraeditorial.com

ISBN: **978-8-416-68022-1**
D.L.: **L 759-2017**

EDICIÓ: Català

Autor: Francisco Javier López Apesteguía
Supervisió: Daniel Gabarró
Redacció: Marta Bellmunt Sopena
Grafisme: Jorge Herreros Lletjós
Empresa Editora: Boira Editorial ©

METODOLOGIA INNOVADORA

DISPONIBLE EN DIVERSOS IDIOMES

FORMACIÓ ONLINE*

* **FORMACIÓ ONLINE GRATUÏTA**
per al professorat a
boiraeditorial.com/ca/formacio

QUADERNS PER PRIMÀRIA

1r DE PRIMÀRIA
Dominar els problemes matemàtics (1)
De suma i resta d'una operació

2n DE PRIMÀRIA
Dominar els problemes matemàtics (2)
De suma i resta d'una operació (aprofundiment)

3r DE PRIMÀRIA
Dominar els problemes matemàtics (3)
D'una operació amb les quatre operacions bàsiques

4t DE PRIMÀRIA
Dominar els problemes matemàtics (4)
D'una o dues operacions amb les quatre operacions bàsiques

5è DE PRIMÀRIA
Dominar els problemes matemàtics (5)
De dues operacions. Inclou problemes amb fraccions, SMD, perímetres, àrees...

6è DE PRIMÀRIA
Dominar els problemes matemàtics (6)
De dues o més operacions. Inclou problemes resolts per dos camins diferents i problemes de percentatges, àrees i volums

QUADERN PER A SECUNDÀRIA

ESO
Dominar els problemes matemàtics (ESO)
D'una i de dues operacions i de diverses operacions per dos camins diferents. Inclou problemes de fraccions, SMD, àrees i volums

QUADERNS OPTATIUS D'AMPLIACIÓ

FINAL DE 2n DE PRIMÀRIA O INICI DE 3r
Dominar els problemes matemàtics (A1)
De multiplicació i divisió d'una operació fins a la taula del 5

ALTRES QUADERNS DE L'EDITORIAL

Dominar l'ortografia

Dominar les taules de multiplicar

Dominar la acentuación

Made in United States
Troutdale, OR
11/03/2026

56844871R00031